n.º 82.

NOUVELLE
DÉCOUVERTE
SUR
LE MAGNÉTISME
ANIMAL,

Ou Lettre adressée à un Ami de Province, par un Partisan zélé de la Verité.

Semper ego auditor tantùm? Nunquamne reponam, vexatus toties.... *Juv. Sat.* 1ere.

ODI PROFANUM VULGUS ET ARCEO,

FAVETE LINGUIS.

RIEN de plus difficile que de donner des définitions précifes, exactes, & qui en peu de mots laiffent dans l'efprit une idée claire & diftincte de la vérité qu'on a intérêt d'établir.

C'eft ce qui jufqu'à préfent eft arrivé au Magnétifme, & ce qui me détermine à vous faire part de la feule définition, qu'après de profondes méditations, nous ayons cru pouvoir lui convenir.

Nous difons donc que le Magnétifme animal eft la préfence de Dieu démontrée, & fa providence mife en action.

Pefez bien tous les mots de cette définition, vous trouverez fans difficulté qu'elle s'accorde avec les principes généralement reçus, qu'elle préfente une idée grande, majeftueufe, qu'elle concilie tout, qu'elle répond à tout, en un mot qu'elle ferme la bouche à la foule de détracteurs, dont l'exiftence du Magnétifme animal a infructueufement exercé les plumes.

Quel eft l'homme qui, d'après une femblable définition, ne fente fon ame s'exalter, & ne brûle

A

du défir le plus ardent de joindre cette nouvelle preuve de l'exiftence de la divinité, à toutes celles dont il eft déjà pénétré ?

Mais pour faifir dans fa totalité la doctrine du Magnétifme, & pouvoir en exercer l'art avec efficacité, nous exigeons beaucoup de conditions & de circonftances préliminaires.

Il faut d'abord commencer par oublier, généralement parlant, tout ce qu'on peut avoir appris depuis fa tendre enfance jufqu'au moment où l'on commence à être initié dans le fanctuaire de cette fcience. Ce retour volontaire à l'ignorance primitive pourra peut-être paroître un peu dur à des perfonnes qui avoient confacré trente années, ou plus, à la recherche, quoiqu'infructueufe, de la vérité. Mais on leve bien-tôt cette petite difficulté en démontrant invinciblement que toutes les découvertes qui, jufqu'à ce jour, avoient été l'objet de nos recherches, n'étoient que des pas multipliés dans la route de l'erreur. Nous marchions hardiment, à la clarté d'une fauffe lueur qui nous égaroit: Mefmer arrive pour éclairer les nations, il vient diffiper les ténèbres, & déchirer le bandeau qui nous cachoit la lumière.

Si cependant, par un refte de préjugés, on ne pouvoit pas faire une diverfion totale avec l'univerfalité des connoiffances qu'on auroit précédemment acquifes, on n'eft pas, pour cela, exclus dú nombre des néophytes, mais on reftera toujours dans les claffes inférieures, & jamais on ne pourra fe flatter d'arriver à ce point de fublimité qui caractérife effentiellement le véritable Magnétifant.

Enfuite viennent les qualités que nous requerons dans l'individu qui fe deftine à magnétifer. La lifte de ces qualités paroîtra fans doute effrayante à bien du monde : mais il s'agit de bien s'examiner avant d'entrer dans cette carrière privilégiée : car *qui peccat in uno, factus eft omnium reus* (1).

Ces qualités font donc, un phyfique bien fain, une conftitution vigoureufe, des mufcles bien prononcés, une carnation vive, le regard affuré, l'œil en même tems pénétrant, une fineffe de tact exquife, une tête abondamment fournie de cheveux châtains, foncés, ou noirs, s'il eft poffible ; une poitrine bien ouverte, la jambe fournie, la démarche pofée, mais fûre.

Quant au moral : une ame d'une trempe forte, dégagée de toute efpéce de préjugés quelconques, capable de franchir en un inftant la diftance énorme qui fépare les différens globes du fyftéme planetaire, une fimplicité jadis appellée fimplicité évangélique, un fens droit, un cœur pur, compatiffant, fenfible, un empire abfolu fur fes fens, le ton

____

(1) Qui pêche en un point, eft coupable de tous les autres.

doux & perfuafif, la parole à la main (1).

Le vrai Magnétifant doit joindre à toutes ces qualités un défintéreffement à toute épreuve. Le feul fentiment qui l'anime dans fes auguftes fonctions, doit être le bien de l'humanité. Tout individu fouffrant a des droits acquis fur fes foins : il n'envifage d'autre récompenfe que la confolation d'avoir porté des fecours à fes freres : & fans aucune acception des rangs ni des qualités, le plus fouffrant exige fes premiers devoirs.

J'oubliois un point effentiel chez le Magnétifant, la frugalité. Jetté par un concours de circonftances [de tous tems étrangeres, & même contraires à l'harmonie de la nature] dans le torrent des inftitutions fociales, le vrai Magnétifant ne fçauroit dans ces premiers inftans, adopter le genre de vie analogue à l'art dont il fait profeffion. Le Magnétifme tendant à nous raprocher de l'état de pure nature, on conçoit combien la qualité des mets, les ragoûts, les viandes épicées & fophiftiquées, les liqueurs fermentées, &c. &c. &c., doivent arrêter une partie de fes effets. C'eft au vrai Magnétifant à fe tenir en garde contre les appats féducteurs de la bonne chere. Tout au plus

____

(1) Voyez à la page 49 & fuivantes, l'explication détaillée des qualités phyfiques & morales qui doivent conftituer l'effence d'un véritable Magnétifant.

peut-il fe permettre de tems à autre, mais toujours avec fobriété, quelques verres de vin de Champagne moufleux, attendu que cette efpéce de boiffon, d'après la connoiffance approfondie que nous avons de fes parties conftitutives, a une analogie directe, avec le fluide [1].

[1] S'il étoit poffible que les Magnétifans puffent vivre d'une manière analogue & conféquente à leurs principes, ils ne fe nourriroient que de végétaux, & de végétaux cuits dans de l'eau, qui n'auroit fait que frémir, & qui jamais n'auroit bouilli. L'action de bouillir eft, dans l'eau, une action troublée ; cette forte de mouvement change la nature, les principes des corps qui l'éprouvent. Voilà pourquoi tous les médicamens préparés à grand feu, par la chymie, acquiérent de nouvelles qualités, des qualités délétéres. Ce ne font plus les mêmes corps. [Auffi n'admettons-nous que la créme de Tartre, diffolue dans l'eau au moyen dégré de chaleur.]

Les Magnétifans ne feroient vêtus que d'étoffe de fil ou de foie, & de couleur blanche ; c'eft la couleur de la nature : jamais ne porteroient de laine : habiteroient les champs, les campagnes, fur-tout les bois [ces derniers fous-tirant fans ceffe le fluide du foyer univerfel que nous favons être le foleil, & ayant la faculté de le communiquer en toute proportion.] Ils n'habiteroient les grandes villes qu'autant de temps que la néceffité d'y faire le bien les y retiendroit : fuiroient les fpectacles, & tous les lieux où fe trouveroient raffemblées des milliers de perfonnes ; par la raifon que le fluide tendant toujours à fe mettre en équilibre, ils dépenfent, en pure perte, dans tous ces lieux, celui dont ils

Qu'eſt-ce que c'eſt donc que le fluide, dira-t-on? Ce que c'eſt que le fluide? La queſtion eſt un peu preſſante, mais n'importe. Le fluide n'eſt point l'électrlcité, n'eſt point la chaleur, n'eſt point la lumière, n'eſt point l'air, n'eſt point la matière ignée, n'eſt aucun des quatre élémens pris dans le ſens où ils ſont entendus dans les cours de phyſique & de chimie; le fluide eſt mieux que tout celà : c'eſt comme qui diroit un agent, qu'à proprement parler, nous ſommes aſſez embaraſſés de défini , mais que nous ſavons être le principe principiant de toutes choſes, par lequel, dans lequel & avec lequel tout exiſte néceſſairement.

Au moment de la création, Dieu, par un acte inſtantané de ſa toute-puiſſance [1], imprima le mouvement à la matière, qui n'étoit autre choſe que le fluide diſſéminé, par un plein continu, dans l'immenſité de l'eſpace. Or de cette premiere

---

ſont imprégnés, & ne le remplacent que par un fluide vitié, qu'ils aſpirent malgré eux , & dont ils ont toutes les peines du monde à pouvoir ſe défaire.

[1] Nous avançons bien plus ici, en diſant un acte inſtantané de la puiſſance. Mais cette aſſertion, nous ne la faiſons que d'après pluſieurs peres de l'égliſe, & entr'autres d'après Saint Auguſtin, dans ſon livre de la cité de Dieu; car, notez bien, que nous ne nous écartons jamais du texte ſacré , & que nous conſervons toujours une foi implicite, pour tout ce qui tient au dogme.

impulſion de mouvement, les particules de fluide s'accoſtèrent de trois en trois, ce qui forma des cohéſions.

Ces premieres cohéſions de trois, s'unirent avec d'autres de pareil nombre, & toujours trois à trois, & puis auſſi-tôt qu'elles commencèrent à avoir l'air de quelque choſe, elles s'en furent chacune chercher fortune, en tâchant de ſe tirer d'affaire dans ce plein de continuité où les débouchés n'étoient pas trop faciles.

Dans ce choc immenſe de cohéſions multipliées, comme vous le penſez bien, à l'infini, toutes ne furent pas également heureuſes : une partie fut écraſée, & pulvériſée dans la foule, & revenue par là à ſon état primitif, eſt reſtée deſtinée à former le fluide univerſel, ſimplement dit : c'eſt proprement parlant, le fluide univerſel que nous avons actuellement à notre diſpoſition : les autres, celles qui avoient réſiſté, s'étant ſucceſſivement agglomérées, ont formé le noyau des planetes, leſquelles planetes ſont de forme ſphérique, parce que le fluide affluant de toutes parts contre ces corps, leur a imprimé néceſſairement, & cette forme ſphérique, & un mouvement de rotation ſur elles-mêmes, qu'elles ont toujours conſervé, & que, ſuivant toute apparence, elles conſerveront encore quelque tems.

D'après cette théorie, bien que préſentée un

peu en raccourci, il eſt aiſé de ſe rendre compte de la combinaiſon & de la formation de tous les corps, non-ſeulement de ceux que nous voyons ici bas ſous nos yeux, mais encore de tous ceux que nous avons des raiſons invincibles de ſoup-çonner dans les autres planetes.

Voilà donc le fluide bien inconteſtablement, & bien irrévocablement reconnu ; pas une des premieres propoſitions de la géométrie n'eſt auſſi rigoureuſement démontrée.

Vous ſçavez que nous reconnoiſſons trois choſes eſſentielles dans le fluide, le ton, la célérité, la direction. Celà s'explique de ſoi-même.

Vous ſçavez également qu'une ſomme de fluide dirigée & affluant en maſſe contre un corps quel-conque, s'appelle courant.

Que ce courant ne pouvant pas entrer en maſſe dans les corps, eſt obligé, pour ſe faire jour, & ſe frayer une route, de ſe ſubdiviſer en pluſieurs rameaux, afin de s'inſinuer dans les interſtices, autrement dit, les pores. Or ces différens rameaux, nous leur avons donné le nom de filiéres. On nous a repréſenté que l'expreſſion étoit impropre, & que nous euſſions plutôt dû donner le nom de filiéres aux interſtices par leſquels le fluide ſe ſubdiviſoit : qu'alors l'acception dans laquelle nous voulons faire prendre le mot filiéres, eût été plus conforme au ſtyle ordinaire : mais malgré ces obfervations, nous avons confervé le mot filiére dans l'acception nouvelle que nous lui donnons, & nous ne changerons ce terme que dans le cas, où le comité (fans confulter le dictionnaire de l'Académie,) en adopteroit un autre. Ce n'eft pas notre faute fi la langue Françoife eft auffi pauvre en termes, que ceux qui la parlent le font communément en idées. D'ailleurs nous ne faurions tout changer à la fois; nous avons déjà affez de befogne.

Vous penfez bien que fi nous voulions nous amufer à répondre à toutes les objections multipliées qu'on nous fait, & qui, par parenthéfe, n'ont pas l'ombre du fens commun, nous ne finirions jamais.

Nous avons eu la complaifance d'entrer en lice avec les Commiffaires de l'Académie des Sciences. L'Europe entiere attentive à la décifion d'un Corps, du fanctuaire duquel on s'attendoit que fortiroit la lumière première, a vu avec indignation qu'un arrêt qui ne devoit être dicté que par la vérité même, n'étoit qu'un tiffu d'impoftures, de mauvaife foi; qu'à l'abri d'un ftile féduifant, plus oratoire qu'il n'appartient aux fciences, on avoit échaffaudé un prétendu rempart contre la féduction, & que l'hommage qui naturellement devoit être rendu par cet augufte Corps à la nouvelle doctrine du Magnétifme animal, n'étoit qu'un voile de plus très-artistement jetté sur la vérité [1].

Mais ce que nous avons cru devoir au gouvernement, il ne faut pas s'imaginer que nous l'accordions à chacun des individus qui d'après cela se croiroit autorisé à nous faire part de ses songes creux.

Nous nous entendons, voilà le grand point : malheur à quiconque n'est pas organisé pour saisir aveuglément, & avec une foi implicite, tous les points de notre doctrine, à laquelle nous pouvons

[1] C'est une chose inouïe que ce rapport fait par les Commissaires de l'Académie des Sciences. L'autorité, la célébrité des membres qui l'ont rédigé en a d'abord imposé. On a cru que jamais nous ne nous releverions d'un coup aussi bien porté. Mais le prestige n'a pas duré longtems, nous ne nous en sommes relevés qu'avec plus d'éclat. Malgré cela, la postérité n'en frémira pas moins, de voir les noms les plus respectables à la tête d'un libelle rédigé contre un système qui n'avoit d'autre but que le bien de l'humanité : ce qu'il y a de bon, c'est que MM. les Commissaires eux-mêmes n'ont pû s'empêcher de convenir, qu'ils avoient été témoins des faits les plus singuliers. Or, si d'après le peu qu'ils ont vu, d'après la manière dont on a procédé devant eux, d'après celle très-imparfaite dont ils ont procédé eux mêmes, la vérité leur a cependant arraché ce témoignage, que n'eussent-ils pas dit s'ils eussent eû à faire à M... à D... à P... à D... &c. &c. &c., s'ils eussent été témoins de... de... de... &c. &c. &c. &c.?

(1) Voyez ce Rapport . vol. 5. n.° 52

bien appliquer la parabole de la femence de l'évangile.

Ce même évangile a dit : *multi vocati, pauci verò electi* [1]. C'eft dans la confiance que nous avons dans ces faintes paroles, que nous faifons, chaque année plufieurs cours. Et fi, dans cent cinquante perfonnes qui nous écoutent, deux ou trois peuvent avoir faifi les véritables apperçus de la doctrine Magnétique, nous nous croyons plus que dédommagés de nos peines, & amplement récompenfés de nos travaux.

Cependant pour ne pas rebuter totalement les afpirans de bonne foi, il eft certains détails auxquels nous voulons bien defcendre, & certaines queftions auxquelles nous voulons bien confentir à répondre, fans conféquence, & pour le plus grand bien de la chofe.

On nous demande, par exemple, d'où vient notre grande prédilection pour le nombre de trois; le voici; premièrement nous avons le fameux axiôme, *omne trinum perfectum* [2], fans parler de cet ancien paffage latin, *numero Dii impare gaudent* [3], ni de celui-ci, *tres monachi faciunt*

---

[1] Il y a beaucoup d'appellés; mais peu d'élus.
[2] Tout ce qui eft par trois, eft parfait.
[3] Les Dieux aiment & protègent les nombres impairs.

capitulum, ficut & tres porci faciunt gregem [1].

Les proverbes font la fageffe des nations, & fous des expreffions triviales & populaires renferment ordinairement un grand fens, & nous tranfmettent d'anciens ufages fondés fur de grandes vérités.

Les Jéfuites, d'après une révélation particulière de Saint Ignace, portoient trois cornes à leurs bonnets : la thiare du Saint Pere eft ornée de trois couronnes.

Voulez-vous confulter la fable qui étoit l'ancienne théologie des payens? Trois Dieux partageoient l'empire de l'univers : Jupiter au ciel, Neptune fur les mers, Pluton dans les enfers. Diane avoit le furnom de *Triformis*, en l'honneur des trois phafes de la lune : Mercure avoit celui de Trifmégifte. Les trois Grâces, les trois Parques, les trois Euménides, & les neuf Mufes qui font le quarré de trois. Trois Déeffes difputèrent de la beauté; Achille après avoir attaché Hector à fon char, le traîna trois fois autour des murailles de Troye. Horace a dit : *ternos ter cyathos attonitus bibet* [2]. Les Romains à table étoient couchés trois

---

[1] Trois moines compofent un chapitre, comme trois cochons forment un troupeau.

[2] Il boira trois fois trois coups, fans s'étonner. *Hor. Od. lib.*

[13]

fur chaque lit. Avant la découverte du nouveau
continent, l'ancien étoit partagé, comme de nos
jours, en trois parties.

Le triangle eſt une des figures de géométrie
dont nous tirons les propoſitions les plus évi-
dentes, entr'autres celle que les trois angles d'un
triangle quelconque ſont égaux à deux angles
droits, & puis, par ſuite, le quarré de l'hypothé-
nuſſe [1], & pour ne pas nous arrêter à Platon
qui ſur le nombre de trois dit des choſes merveil-
leuſes, voulez-vous que nous vous tranſcrivions
ici le paſſage d'Euſèbe de Céſarée dans ſon panégyrique prononcé devant l'empereur Conſtantin [2]?

---

[1] Le quarré du grand côté dans tout triangle rectangle,
eſt égal aux quarrés des deux autres côtés pris enſemble.
Elém. de Géométrie.

[2] Euſèbe de Céſarée étoit un Evêque que l'on ſoup-
çonna, avec quelque fondement, de pencher en faveur de
l'Arianiſme. Il prononça le panégyrique de Conſtantin en
préſence de cet Empereur; à l'imitation de Pline (le jeune)
qui avoit prononcé celui de Trajan. Mais quoiqu'Arrien
preſque décidé, il n'en étoit pas moins très-ſavant. Son
hiſtoire Eccléſiaſtique eſt fort eſtimée, & puis, comme
vous voyez, par le paſſage que je viens de vous citer, il
mérite, ſans contredit, une place diſtinguée, parmi les grands
hommes.

« Dieu, dit-il, a mis les nombres dans son
» unité : il a embelli le monde par le nombre de
» deux, & par le nombre de trois, il le compofa
» de matière & de forme... c'eft une chofe mer-
» veilleufe qu'en faifant l'addition d'un, de deux,
» de trois, & de quatre, on trouve le nombre de
» dix qui eft la fin, le terme, & la perfection de
» l'unité : & de ce nombre de dix fi parfait, mul-
» tiplié par le nombre plus parfait de trois qui eft
» l'image fenfible de la divinité, il en réfulte le
» nombre de trente jours du mois. »

D'après ces autorités, lefquelles (quoiqu'on ait
eu l'audace inouïe de nous traiter d'ignorans
comme des carpes) prouvent fans contredit dans
nos chefs une érudition peu commune : nous
débutons par mettre en tête de nos cahiers, dif-
pofés ainfi en triangle.

Dieu.

la Matière.   *le Mouvement.*

Trois grandes propriétés du fluide, le ton, la
célérité, la direction.

Trois grands corps principaux, la terre, la
lune, le foleil.

Trois acides primitifs, le vitriolique, le
nitreux, le marin [1].

---

[1] Ces trois acides primitifs fe trouvent dans la nature ;

[15]

Trois grands alkalis, le végétal, le minéral, le volatil.

Voilà pourquoi le globe terreftre qui a trois mille lieues de diamètre, & trois fois trois mille lieues de circonférence, préfente deux poles & un équateur, & fait fa révolution en trois cent foixante-cinq jours.

Voilà pourquoi nous marquons également dans tous nos procédés fur le corps humain, & fur tous les objets que nous magnétifons, deux poles & un équateur [1].

---

tous les autres dont les chymiftes, pour faire étalage d'érudition, ont pompeufement chargé leurs tables, ne font que des dégradations d'un de ces trois, auxquels ils fe rapportent, & dont on les a très-inutilement féparés.

[1] Si les favans n'euffent pas tant écrit fur les deux poles & l'équateur des aimans tant naturels qu'artificiels, & n'euffent entaffé volumes fur volumes pour expliquer les phénoménes du Magnétifme minéral qu'ils ne connoiffent que par des effets ; il y a à parier que, dans ce moment-ci, pour ne fe rapprocher de nous dans aucun point, ils entreprendroient de contefter & denier jufqu'à l'exiftence du Magnétifme minéral. Mais ils s'en tiennent à nier le Magnétifme animal, qui, avec des effets plus furprenans encore que le premier, nous préfente l'avantage inappréciable de nous faire toucher fes caufes au doigt & à l'œil. Nous difons au doigt & à l'œil, car plus de deux cent perfonnes de marque ont apperçu le fluide, & l'ont apperçu d'une

On nous demande encore comment nous entendons que la matière puiffe fe mouvoir dans un plein auffi abfolu que celui que nous admettons; & fur le champ l'on nous fait de longues & de pefantes differtations fur les différentes fortes de plein. L'un n'en admet d'aucune forte quelconque; d'autres ne l'admettent qu'avec certaines modifications; d'autres viennent là tout au travers avec leurs forces attractives & répulfives; d'a utresne veulent nous paffer que le plein de contiguité: pour nous, nous le difons hautement, nous n'admettons d'autre plein que le plein abfolu : le plein de continuité. Et quant à la manière dont les

manière fenfible, au point de diftinguer fes ondulations, & fes formes vaporeufes dans le vague de l'air. Ce font des faits, celà; & des faits revêtus du caractère d'authénticité qu'exige une vérité quelconque pour obtenir la confiance. Mais voyez-vous, vous couperiez plutôt par morceaux un Médecin ou un membre de l'Académie des Sciences, que de lui faire avouer qu'il apperçoit le fluide. C'eft l'ufage de cès MM. de s'acharner avec fureur contre tout mortel qui, n'ayant pas l'honneur d'être un de leurs membres, a la hardieffe criminelle de faire part au public d'une nouvelle découverte. N'avons-nous pas de nos jours l'exemple de Bletton? & quelles difficultés n'éprouvera pas ce vertueux citoyen qui a trouvé le fecret de calculer à deux cent lieues fur mer la marche d'un vaiffeau? Mais ces réflexions nous meneroient trop loin.

corps fe meuvent dans ce plein abfolu, tant les grands corps que les plus petites molécules de matière, ce fait eft affez bien expliqué dans les Aphorifmes de Mefmer, & ceux qui ont affifté à nos cours publics doivent fe refîouvenir qu'avec le fecours de quatre pommes de reinette, ou de quatre billes de billard, nous en rendons le méchanifme affez fenfible aux yeux & à l'efprit, pour qu'il ne foit plus permis de conferver aucun doute.

D'ailleurs nous déclarons que nous ne fommes ni Cartéfiens, ni Neuwtonniens. Nous fommes Mefmériens, & Magnétifans; planant fur tous les fyftêmes, nous fuivons une route nouvelle, une route qui n'a encore été frayée par perfonne. Nous fommes dans la nature, en harmonie parfaite avec elle, ne connoiffant que la nature. Nous regardons les Médecins comme les bourreaux de l'humanité, & les prétendus favans comme des gens vains, entêtés & ignorans. Nous fuyons les premiers parce qu'ils font méchants & intéreffés, & nous évitons toute efpece de difcuffions avec les derniers, parce qu'ils errent par principes, & que les nôtres leur font trop diamétralement oppofés pour pouvoir jamais nous flatter de leur défiller les yeux. Cette claffe d'hommes eft deftinée à vivre & à mourir dans l'impénitence finale. Nous les plaignons, parce que nous fommes bons, parce que la bonté eſt notre eſſence, nous les plaignons : car quel autre ſentiment accorder à des êtres bien organiſés d'ailleurs, qui ſe refuſent opiniatrément à l'évidence & à la lumière? à des êtres qui nient l'exiſtence des faits dont ils ſont témoins, & qui les nient par cette raiſon ſeule que les preuves qu'on leur en adminiſtre ne ſont pas ſuffiſantes !

Et dans le fond, qu'ont-ils oppoſé juſqu'à préſent à ce que nous avançons? Des invectives d'abord, des imputations fauſſes, des déclamations vagues. « Tu prends ta foudre, au lieu de » me répondre, diſoit Ménippe à Jupiter, tu as » donc tort? » Enſuite ils nous ont traités, & nous traitent encore de charlatans : aſſurément c'eſt bien le cas de dire *mutato nomine, de te fabula narratur* [1]. Et puis non contens de toutes ces menées, ils attaquent notre croyance, nos mœurs, notre bonne foi.

Dieu tout puiſſant ! qui liſez dans nos cœurs, vous le ſavez ! c'eſt vous qui nous inſpirez ! c'eſt vous, qui touché des maux ſous leſquels languit depuis tant de ſiécles la malheureuſe humanité, avez mis en nous, & ce tact exquis pour ſentir les

---

[1] Ami, change de nom, la fable eſt ton Hiſtoire. *Hor. Sat.*

plus légeres influences du fluide, & ce discerne-
ment fin pour en connoître, en suivre, en étudier
pas à pas la marche; & ce talent si nécessaire pour
en annoncer la doctrine aux peuples !

Un certain M. Thouret, organe & interprête de
la société royale de Médecine, a crû nous avoir
pulvérisés en donnant contre nous un livre qui,
sous le titre spécieux de Doutes impartiaux sur le
Magnétisme, nous assimiloit à tous les charlatans
qui, depuis la création, ont tenté d'abuser de la
crédulité des peuples. Qu'a produit ce fatras
d'érudition entassé sans choix, sans critique, &
déja enseveli dans la poussière des bibliothéques?
Rien du tout: & les mêmes argumens avec lesquels ils croyent nous battre à plattés coutures,
nous nous en servons pour étayer notre cause, &
en faire un des plus fermes appuis.

En effet, se figurera-t-on que parce que les
anciens n'avoient ni dictionnaire Encyclopédique,
ni académie des Sciences, ni société royale de
Médecine, ils fussent moins instruits que nous?
Un pareil préjugé bien fait pour flatter l'amour
propre de nos petits Docteurs modernes, s'établit
tous les jours de plus en plus, graces à leurs
soins. Mais une réflexion seule doit suffire pour le
déraciner; c'est de penser que la fameuse biblio-
théque d'Alexandrie qui fut brulée par le Calife
Omar, à peu près dans le huitieme siécle,

contenoit environ huit cent mille volumes [1].
Or dans un tems où l'Imprimerie n'étoit pas
connue, comment imaginer que des princes auffi
éclairés que l'étoient les Ptolemées, & quelques-
uns des fouverains qui les ont remplacés, fe fuffent
amufés à ramaffer une collection auffi nombreufe
d'ouvrages de toute efpèce, s'ils n'euffent pas tous
renfermé de grandes vérités, & n'euffent été les
archives des connoiffances les plus précieufes en
tout genre? Nous favons nous autres Magnétifans, & nous le favons de bonne part, qu'il y
avoit une partie de c e s ouvrages raffemblés à
grands frais des quatre coins de l'univers, dans
lefquels fe trouvoient éparfes la plupart de nos
propofitions qui révoltent aujourd'hui tant de
gens [2].

---

[1] Cette collection étoit fi immenfe, que pendant plufieurs mois, les bains de la ville d'Alexandrie ne furent
chauffés qu'avec les livres que l'on avoit tirés de cette
fuperbe bibliothèque. On ne tiroit pas alors, comme de
nos jours, deux mille exemplaires d'un même ouvrage.
D'après ce calcul, il y auroit de quoi chauffer les bains de
la ville de Paris pendant plus de quinze jours, fi n'employer
à cette opération que les ouvrages déteftables qui depuis
quelques années ont été écrits contre le Magnétifme
animal.

[2] C'eft à nos fybilles à qui nous avons cette obligation,

C'eſt le ſort des grandes vérités d'éprouver d'éternelles contradictions, & le ſort de ceux qui veulent les étendre, d'eſſuyer des perſécutions.

Mais ſans vouloir remonter à l'antiquité reculée, ouvrons ſeulement les annales de ces tems barbares qui ont précédé la renaiſſance des lettres; ſuivons même les hiſtoires plus modernes des tems plus éclairés qui ont ſuccédé preſque juſqu'à nos jours, qu'y voyons-nous? des corps d'accuſations bien formelles intentées par des Cours ſupérieures contre de prétendus ſorciers. Ces corps d'accuſations portoient ſur des faits réels; les accuſés convenoient des faits qu'on leur imputoit, des témoins venoient à l'appui, déclaroient dans la pureté de leurs conſciences, ce qu'ils avoient vu, ce qu'ils avoient ſenti, ce qu'ils avoient éprouvé: on condamnoit tous ces malheureux, & le ſupplice le plus cruel étoit communément la fin tragique qui terminoit les jours de ces infortunés [1].

____

[1] L'état de ſorciers étoit autrefois ſi généralement reconnu, que l'égliſe a depuis ce tems conſervé le nom d'exorciſte à un des quatre moindres que l'on confère, avant le ſous-diaconat, aux aſpirans à la prêtriſe. Les anciens rituels, & les nouveaux, ont conſervé des formules d'exorciſmes; & le vendredi Saint on prie pour les ſorciers.

Que conclure de ces faits multipliés qui jufqu'au milieu du dix-feptième fiécle fe retracent à chaque pas dans nos hiftoires?

Conclura-t-on que les anciens tribunaux compofés de membres vendus à l'iniquité, fe jouaffent

---

A Befançon, aux fêtes de la Pentecôte, des poffédés arrivent de toute la province, & des provinces adjacentes: ils font placés au pied des murs de la cathédrale, & l'Archevêque, du haut de la tour, leur montre le Saint-Suaire.

La nuit du jeudi ou du vendredi Saint, on portoit, depuis un tems immémorial, dans l'églife de la haute Sainte Chapelle à Paris, un grand nombre de prétendus poffédés. Beaucoup de curieux alloient les voir; cette coutume n'a ceffé qu'il y a environ quatre ou cinq ans, qu'elle a été fupprimée, parce que la fcène, a-t-on dit trèsplatement, étoit transférée aux Baquets de Mefmer.

Tous ces poffédés prétendus, autrement dit, ces épileptiques, ne font tout bonnement que des gens en forte crife. Le fecours feul du Magnétifme bien adminiftré fuffiroit pour les guérir. Il feroit bien plus digne d'un gouvernement éclairé de les foumettre à ce dernier traitement que de les laiffer abandonnés & expofés au rebut, & à l'exécration publique. Nous avons fait fur cela au gouvernement des offres particulières; nous offrions de contracter pour leur guérifon les engagemens les plus folemnels. Des raifons particulières ont fait rebuter nos foins... mais il y auroit trop de chofes à dire fur cet article.

ainſi de la vie de ces infortunés? Cela ſeroit auſſi abſurde que barbare à imaginer.

Dira-t-on que ces victimes de la Juſtice ou plutôt de la rigueur des loix étoient des impies qui avoient fait un pacte avec le diable? cela ne tombe pas ſous les ſens; & graces à Dieu, il n'y a plus que les bonnes & les nourrices qui croyent aux ſorciers, aux loups-garrou, au ſabbat, & au grimoire.

On dira donc que c'étoient des charlatans qui, à l'aide de quelques preſtiges, trouvoient le ſecret d'en impoſer aux peuples, & à l'aide d'un prétendu commerce avec le diable, de tirer de l'argent des imbécilles.

Mais ces prétendus ſorciers opéroient des effets très-ſinguliers, des effets qui paroiſſoient, & même qui étoient ſurnaturels : & nous, nous vous diſons, & vous pouvez nous en croire, que ces infortunés dont la mémoire a été condamnée à l'opprobre, & les corps aux flammes, n'étoient ni plus ſorciers, ni plus frippons que nous.

Ils avoient étudié la nature, ils commençoient à épeler dans ſon grand livre; en la ſuivant de plus près, ils entroient en harmonie avec elle : les effets qu'ils éprouvoient, (ſans en connoître toute l'étendue) ils tâchoient en eſſayant leurs forces, de les faire éprouver à d'autres : de là ces demi-prophéties, ces inſpirations, réelles pour eux, &

ſuppoſées fauſſes par la tourbe ignorante.

Aſſez inſtruits pour ſentir leur ſupériorité ſur le reſte des hommes, mais point aſſez pour en rendre l'hommage à qui il appartenoit, ils abuſè-rent de cette grace ſpéciale, & regardèrent, ainſi que leurs Juges, comme un effet de la puiſſance du diable, ce qui n'était qu'une faveur privilégiée du ciel. Un pas de plus vers la vérité, ils devenoient comme nous, les bienfaiteurs de l'humanité, & l'on eût élevé des ſtatues à des êtres que l'on a condamnés au dernier ſupplice.

Nous l'avons fait ce pas, nous autres Magnéti-ſans, & ſi nous ſommes encore perſécutés ; après avoir joui dans nos cœurs de la douce conſolation de ſoulager l'humanité, notre mémoire ſera bénie à jamais, par la génération future, & l'on apper-çoit déjà pour nous, dans le livre de l'avenir, les honneurs dont elle ſera comblée.

Mais nos ennemis les plus redoutables, (& cela va vous paroître bien ſingulier) ce ſont les mauvais plaiſans [1]. Ils ſont bien les êtres les plus redoutables qui ſoient jamais ſortis des mains du Créateur. Formés d'un fluide diſcordant, d'un

---

[1]   . . . . ridiculum acri
Fortiùs ac meliùs magnas plerumque ſecat res. *Hor.*

fluide fans harmonie, d'un fluide fans activité, d'un fluide qui ne pouvoit être employé à autre chofe, d'un fluide enfin qui n'eft pour ainfi dire, que l'écume & la mouffe du fluide univerfel, ils manquent d'énergie pour détourner nos courants : nous n'avons donc aucune prife fur eux : & tombant également fur les Magnétifans & fur les anti-Magnétifans, ils font abfolument comme les troupes légères qui pendant la guerre pillent, indiftinctement amis & ennemis.

Tel, qui dans le fond de fon ame, afpireroit à devenir un vrai Magnétifant ; tel, qui malgré les raifonnemens abfurdes, mais impofans des favans, d'une famille, d'une époufe chérie, d'une maîtreffe adorée, ne laiffoit pas de fréquenter nos baquets, & fuivoit nos cours avec exactitude, rencontre un de ces déteftables plaifans, & ce que n'avoient pu opérer fur lui des fophifmes multipliés, fouvent mêmes des raifons & des vues d'intérêt, un mauvais quolibet l'opère en un inftant : & voilà nos adeptes les plus déterminés qu'une fauffe honte écarte à jamais de nos chantiers.

Ces déferteurs, jufques-là très-fenfés, déjà très-inftruits, que nous commencions à prôner, fur lefquels nous formions déjà avec complaifance les efpérances les mieux fondées, font un tort irréparable à la fociété Magnétique : non pas qu'ils abufent de ce que nous pouvons leur avoir révélé ; (d'ailleurs ils le tenteroient en vain, parce que nous ne difons les fins mots qu'à la dernière extrémité, & lorfque nous connoiffons nos élèves à l'abri de toute féduction) : mais on dit dans le monde, « voilà M. un tel qui donnoit » à plein collier dans le Magnétifme, il l'aban- » donne, apparemment qu'il eft détrompé. » Et tout cela n'eft que l'effet d'une gayeté [1].

Auffi qu'un de ces mauvais bouffons foit dangereufement malade ! Notre amour pour l'humanité cédera à la douceur de le voir périr. Notre cœur en fouffrira, mais il eft indifpenfable de purger au plutôt la terre de cette race félone.

------

[1] J'ai toujours été très-furpris que Mefiner ait choifi la France pour y jetter les fondemens de fa doctrine, & Paris pour le centre de fon Apoftolat. Il eft fans doute parti de ce premier point que les nouveautés en tout genre y font faifies avec avidité ; mais il eût dû prévoir en même tems que le peuple François, & principalement les Parifiens, fi femblables en tout au tableau qu'on nous a laiffé des Athéniens, n'avoit point affez de tenuë, pour s'attacher, avec une certaine fuite, à un fyftème auffi profond, auffi réfléchi : & prenoit, au bout d'un efpace de tems très-court, pour le but de fes plaifanteries les plu amères, ce qui l'avoit été d'abord de fon enjouement & de fon enthoufiafme.

Nous les livrons donc avec une espèce de satis-faction à l'anathême, & leur interdisons tout commerce quelconque avec le bon fluide.

Un d'eux entr'autres, & qui malheureusement est d'un certain poids, après avoir épuisé tout ce que le sarcasme peut avoir de plus mordant, n'a-t-il pas dit publiquement avoir rencontré le chien de Mesmer qui tous les matins alloit faire sa tournée dans Paris? ce chien, disoit-il, aussi parfait Magnétisant que son maître, après s'être bien impregné de fluide, se mettoit en marche à une heure réglée, & considéroit attentivement, chemin faisant, tous les animaux de son espèce. Ceux à qui il voyoit le poil hérissé, l'œil morne, les oreilles & la queue basses, il leur tâtoit les hypocondres, & les magnétisoit, jusqu'à ce qu'il eût ranimé en eux le principe de vie. Quelques gens bien pensants, ajoute le narrateur, soup-çonnant cet animal bienfaisant de vues contraires à la pudeur, essayèrent inutilement de le détour-ner de son traitement dont ils ne connoissoient pas l'objet, & ne pouvant lui faire lâcher prise, ils alloient à la grande édification du quartier, en faire une victime de la décence & des bonnes mœurs, si par bonheur pour lui, un Magnétisant qui avoit fait ses classes avec lui, & qui le con-noissoit particulièrement, ne lui eût sauvé la vie, en répondant de sa façon de penser, & n'eût

arrêté le zéle indiscret auquel il alloit être
sacrifié [1] !

____

[1] Cette histoire de chien est, comme on pense bien,
controuvée à plaisir. Mais elle nous rappelle un trait que
Mesmer cite toujours avec un nouvel étonnement. Mesmer
étant en Allemagne, & y travaillant dès-lors à exercer le
Magnétisme animal avec moins de célébrité, mais avec
presqu'autant de succès qu'il l'a depuis exercé en France,
avoit mis en crise des plus fortes deux personnes de considération qu'il traitoit de maladies graves : un grand chien
danois qu'il avoit alors entra par hazard dans l'appartement
où se passoit son traitement : ce chien s'approcha des malades, & sur le champ la crise fut levée, comme par une
puissance invincible. Mesmer qui n'est pas homme à laisser
échapper le moindre des faits dont il peut résulter quelque
nouvelle découverte, recommença sur différens sujets en
traitement, la même expérience de ce chien que le hazard
lui avoit indiquée. Les effets en furent constament les
mêmes : ce qui lui dénota, dans cet animal, une vertu anti-
magnétique qu'il n'a rencontré depuis dans aucun des animaux de cette espèce, & qu'il n'a pu, malgré toutes ses
recherches, rencontrer que dans deux individus de l'espèce
humaine, tous deux Allemands. Ne demandez pas quelle
induction a tirée Mesmer de ce fait singulier : la même
bonne foi avec laquelle il en rend compte lui fait déclarer
qu'il ne comprend rien à ce phénomène : & certainement
nous n'entreprendrons pas de l'expliquer, quoique d'après
certaines données de M. Mesmer, il nous fût très-facile de
dire, sur cela, des choses sublimes.

Et vous le connoissez tous le perfide auteur de cette mauvaise histoire, répandue, graces à lui, dans toute la chrétienté, répétée par les sots, applaudie par la cabale, & brodée par les froids plaisans de la seconde & de la troisiéme force, & il vît! Et en dépit de nous, *fruitur Dis iratis* [1]!

Vraiment! Ce ne feront ni Fréret, ni Boulanger, ni Mirabeau, ni Bolimbroock, qui, en matière de religion, écarteront les fidèles & les croyans de la route du salut : mais c'est un Voltaire qui, trop peu profond, pour attaquer par le raisonnement la sainteté de nos mystères, les a combattus, pendant tout le cours d'une vie beaucoup trop longue, avec les armes du ridicule, & de la mauvaise plaisanterie.

Oui, nous le répétons, les gens les plus à craindre pour nous, ce sont les mauvais plaisants.

Car ce que nous appellons les méchants, les gens mal intentionnés, nous donnent bien de la peine; ils ont assez d'énergie pour troubler nos opérations, pour faire diverger & divaguer nos courants; nous en convenons; mais par cela seul qu'ils ont une forte énergie, nous avons prise sur eux : la trempe de nos armes l'emporte sur les leurs, & avec de la force & de la constance, nous sortons toujours

---

vainqueurs de la lutte : c'est exactement l'histoire
de Moyse, & des Magiciens de Pharaon [1].

Ne vous y trompez pas au moins, les Magiciens
de Pharaon étoient des Magnétifans, mais des
Magnétifans d'un ordre très-fubordonné, à peu
près [2] de la force du docteur Deflon, & de

[1] A un des cours faits cette année 1785 à Paris, (on
m'a dit que c'étoit chez M. de Savalette,) on fit paroître un
fomnambule que l'on mit en crife. Le cours n'étoit pas
compofé en totalité de perfonnes bien intentionnées; & dans
le grand nombre il fe trouvoit beaucoup de méchants qui
firent l'impoffible, & réunirent toutes leurs forces pour
arrêter les effets que l'on attendoit du fomnambule. Il
étoit précifément queftion de la démonftration du fomnambulifme.] Le Magnétifant qui tenoit le cours, & qui eft fans
contredit celui qui, aux lumières les plus étendues, joint la
plus grande puiffance magnétique, fentit bientôt le piège
qu'on lui tendoit; & averti par la marche contrariée, &
divergente de fes courants, il s'apperçut fans peine que l'on
élevoit autel contre autel. Mais rappellant toute la vertu
magnétique, il prit bientôt le deffus; & les méchans eurent
la douleur d'avoir tenté fans fuccès d'opérer le mal.

[2] Le célèbre Court de Gébelin dont le nom feul fait
autorité, & qui avoit fi longtems fouillé dans les ténèbres
de l'antiquité la plus reculée, a dit, dans fon Monde primitif, tom. 8, pag. 97 & 405, & depuis dans fa Lettre aux
foufcripteurs, pag. 46(1). C'eft par ces mêmes connoiffances
» que les Mages, les Hiérophantes, les Bramines, les

quelques-uns de ſes adeptes que nous voyons
magnétiſans à tors & à travers dans toute la
France.

Ces derniers ſavent bien quelque choſe, nous
ne pouvons pas le diſſimuler ; mais qu'ils ſont loin
encore de ces connoiſſances ſublimes, de cette
force active qui commande à toute la nature, qui
ſoumet à ſa volonté une partie des élémens ! A les
entendre, nouveaux Prométhées, ils ont dérobé
le feu divin de Meſmer ! Hélas ! Ils ont ſeulement
allumé à ce foyer inépuiſable une petite bougie,
à la foible lueur de laquelle ils ſe traînent en tâ-
tonnant ; ſemblables aux peuples du Nord qui,

» Gymnoſophiſtes, les Druides, &c, &c. ces compagnies ſi
» révérées dans l'antiquité, & ſur-tout dans l'orient,
» dont les chefs étoient à la fois Prêtres & Rois,
» ſe vantoient d'opérer des merveilles avec des verges, des
» bâtons, des flèches ; de faire éprouver de fortes ſenſa-
» tions, d'occaſionner des douleurs, guérir des maladies
» par un ſimple attouchement, une ſimple direction de la
» main, un ſimple regard : de prolonger les jours, de les
» rendre auſſi longs, & auſſi heureux qu'ils l'étoient dans
» la génération primitive : en un mot, de produire tant
» d'effets merveilleux ſi vantés dans l'hiſtoire, mais aux-
» quels on ne croit plus aujourd'hui, parce qu'on en a
» oublié l'origine, parce qu'on en ignore la cauſe, parce
» qu'on juge mal-à-propos, qu'ils ne ſont appuyés que ſur
» l'ignorance, la crédulité, la ſuperſtition. »

pendant trois mois de l'année ne marchent qu'à la clarté précaire des crépuscules & des aurores boréales, tandis que nous habitans des zônes plus fortunées, jouissons, dans toute leur pureté, & dans toute leur intensité, des rayons bienfaisans de l'astre qui nous prodigue tout l'éclat de sa lumière.

Quels sont donc ici bas, direz-vous, les vrais Magnétisans? Qui! Mesmer d'abord, le pere Hervier, P...... D......

Pauci quos æquus amavit
Jupiter, aut ardens evexit ad æthera virtus [1].

Bergasse ensuite, d'Epréménil, Lamotte, & quelques autres de moindre force encore, quoiqu'ayant fait schisme avec le vrai tronc, mais persistans néanmoins dans un attachement inviolable à la bonne doctrine [2].

---

[1] Un petit nombre d'êtres privilégiés que les Dieux chérissent, ou qu'une vertu ardente a élevés jusqu'aux cieux. *Virg. En. Lib. VI.*

[2] C'est une chose bien cruelle que quelque sublime que soit la doctrine que des hommes sont chargés d'annoncer, quelque pure, quelque sainte que soit la morale qui l'accompagne, il y ait toujours scission entre les membres qui remplissent les fonctions de l'apostolat. Les apôtres Saint Pierre & Saint Paul eurent une discussion assez vive sur les

Entre

Entre tant de héros je n'ofe me placer.

Sans contredit & Deflon & fes élèves , & la foule échapée de nos écoles , peuvent bien traiter des maladies graves, donner & lever des crifes, magnétifer des bocaux , des bains , des bouteilles , ébaucher quelques fomnambules , raifonner affez pertinemment fur l'agent, connoître dans un certain détail les différens pôles du corps humain , magnétifer à une glace , faire fentir à travers d'un mur quelques effets : à Dieu ne plaife que nous tentions de leur dérober le jufte tribut de louanges que mérite leur zèle !

Mais de connoître la grande théorie du fyftême Magnétique, de percer la profondeur des myftères

---

térémonies des gentils ; nous avons vu enfuite , dans l'églife primitive, toutes les différentes héréfies qui en ont troublé le repos. Nous n'ofions donc pas nous flatter que le Magnétifme fût exempt de ces difputes fcandaleufes. Mais elles n'en font pas moins déchirantes pour les ames qui n'aiment, qui ne cherchent que le bien. Les incrédules fe prévalent de ces fciffions intérieures ; il en réfulte un mal réel pour la chofe, & un ridicule pour les diffidents. Pour nous, nous levons les mains au ciel pour en obtenir la paix & la concorde, & nous nous écrions avec Virgile dans l'amertume de nos ames !

Tantæne animis cœleftibus iræ !

C

auxquels nous nous élevons, de former des somnambules, des prophétes, des fybilles qu'aucune puiffance humaine ne puiffe mettre en défaut, d'obfcurcir la clarté de la lune, ou de donner une plus grande intenfité à fes rayons, de faire tomber à volonté un brouillard épais qui nous cache le foleil, de rappeller à la vie un mourant aux derniers termes de l'agonie, de magnétifer de Paris en Amérique, à heure nommée, un individu avec lequel on eft en rapport & mille autres effets plus furprenans encore, c'eft ce dont nous les défions tous pris collectivement & individuellement : c'eft ce que Mefmer a révélé à très-peu de fes élèves; c'eft ce qu'un plus petit nombre encore eft capable d'exécuter, & jufqu'où pouvoit feul s'élever un génie créateur auffi vafte, auffi ardent, auffi rare que celui du grand homme à qui nous devons ces précieufes découvertes.

Hélas! dans ce moment-ci il fe dérobe aux empreffemens du nombre chéri de fes amis, & à la baffe jaloufie de fes envieux. Mais, nouvel Elie, en difparoiffant du milieu de nous, il nous laiffe fon manteau; il reparoîtra bientôt plus triomphant que jamais, pour écrafer fes ennemis, & cette efpèce de fuite, comme il plaît à fes ennemis de la nommer, fera un jour célébrée par les vrais croyans, comme celle de Mahomet, & deviendra

[35]

la nouvelle hégire dont on datera l'époque du
bonheur des humains [1].

Bien des gens sensés, & même de nos partisans
zélés nous reprochent dans moment-ci la multipli-
cité de nos somnambules, de nos malades Médecins,
de nos prophétes : «vous croyez, nous disent-ils, en
» multipliant dans toute sorte d'individus, ces états
» extatiques, acquérir à votre doctrine un plus
» grand nombre de partisans, & une plus grande
» considération. Mais vous avez fait une fausse
» combinaison; nous sommes dans un siécle où
» l'on ne croit plus aux miracles, & au point où
» en sont arrivées les sciences, il n'est plus permis
» d'admettre la possibilité de lire ainsi dans
» l'avenir; on commence déjà, & l'on finira par
» vous traiter hautement d'imposteurs, vos
» prophétes bavarderont à tort & à travers, &
» vous périrez par cela même que vous comp-
» tiez devoir le plus vous faire valoir. »

« D'ailleurs, ajoutent-ils, n'a-t-on pas vu de
» tout temps que quiconque a voulu s'arroger

---

[1] Tout le monde sait que l'hégire ou l'ere des Mahome-
tans date de la fuite de Mahomet, lorsqu'il fut contraint de
se sauver de la Mecque. La premiere année de l'hégire, ou
plutôt son premier jour répond au seize juillet 622 de l'ere
chrétienne.

» fur la multitude un certain empire, a toujours
» prétendu un commerce quelconque avec des
» génies! Numa, avoit fa nymphe Egerie,
» Sertorius, fa biche blanche, Mahomet, fon
» pigeon. &c. &c. &c. »

Voilà, fans doute, une objection qui a l'air bien
impofant; mais écoutez feulement notre réponfe:
premièrement il eft faux que nous cherchions à
capter fur les ames, cet empire auquel des gens
mal intentionnés nous foupçonnent d'afpirer.
Semblables à ces fameux navigateurs qui (cher-
chant dans les mers du Sud quelques petites ifles
anciennement reconnues, mais dont on ne
connoiffoit pas la latitude,) ont trouvé de vaftes
continens; nous de même, une fois mis fur la
trace de la nature, l'épiant dans fa marche,
faififfant toutes fes indications, nous nous fommes
vus, fans nous en douter, (car nous ne pouvions
jamais nous en flatter,) nous nous fommes vus
embarqués dans une multitude de faits qui nous
ont conduits pied-à-pied à la découverte du
fomnambulifme, & du parti que l'on en pouvoit
tirer.

Moins inftruits, moins attentifs, avec moins de
fagacité, & j'ofe dire, avec moins de génie que
nous, des obfervateurs ordinaires euffent négligé
ces premiers faits; nous, nous n'en avons négligé
aucun: voilà l'effort de l'art. Nous avons donc eu

des malades Médecins, par le secours desquels nous avons connu des maladies que toute l'expérience des plus vieux Médecins n'eût jamais pu aller déterrer dans les individus qui en étoient attaqués.

Nous avons reconnu ensuite que ce n'étoit que dans l'état de parfaite harmonie avec la nature que ces malades Médecins étoient susceptibles d'acquérir cette finesse de tact capable de nous donner des indications sures. Nous avons calculé la marche du fluide, par des calculs plus exacts que ceux auxquels on croyoit avoir soumis la marche de la lumière, & de combinaisons en combinaisons, nous sommes arrivés au point que nos somnambules voyoient présens à leurs yeux, le passé, le présent, & l'avenir.

Peut-être dans l'yvresse d'une découverte aussi étonnante, aussi sublime, avons-nous mis un peu trop d'empressement à la rendre publique. Cela même prouve plus que toute autre chose en notre faveur. Car pour peu que nous eussions aspiré à cette prétendue domination sur les âmes, nous eussions enveloppé notre nouvelle découverte des voiles du mystère, & elle nous présentoit en effet d'assez grands avantages.

Nous avons, d'après cela, parce qu'il faut mettre de l'ordre en tout, classé nos différens somnambules en malades médecins, en prophètes, en fybilles. Les nuances qui caractérifent ces différens états ne fent pas faites pour être fenties généralement, auffi n'entrerai-je point avec vous dans ces détails que je ne puis vous communiquer que de vive voix.

Je vous dirai feulement qu'ils nous font de la plus grande utilité : ce que l'étude la plus fuivie, le coup d'œil le plus clair-voyant, les méditations les plus profondes ne fçauroient nous dévoiler, ces gens-là nous en inftruifent avec une clarté, une précifion, un choix de termes qui nous furprennent encore tous les jours.

Ainfi lorfque dans nos cours, ou même dans le monde, on nous fait quelque queftion que nous n'avons pas prévue, & à laquelle, d'après nous-mêmes, nous ferions quelquefois fort embaraffés pour répondre, nous ne faifons aucune difficulté d'avouer que nous confulterons un de nos fomnambules, & le lendemain nous donnons, d'après eux, une folution toujours fatisfaifante du problême qui nous a été propofé.

Une chofe grandement à obferver, (& admirez fur cela la fageffe de la nature) c'eft qu'aucun de nos fomnambules ne répondra à une queftion qui tendroit à faire tort à quelqu'un, qui toucheroit au gouvernement, qui pourroit embraffer des vues de fortune ou d'intérêt quelconque.

Cette marche eft naturelle & conféquente,

nous avons dit que le fomnambule, en état de
de fomnambulifme, étoit un être parfaitement en
harmonie avec la nature. Or nature & harmonie
font fynonymes : fuivez bien cela, je vous prie.
N'oubliez pas non plus que nous admettons le
plein abfolu : dans ce plein abfolu, tout fe meut
d'après cette première loi de mouvement harmo-
nique imprimé par le créateur. Par conféquent le
fomnambule indique les maladies, parce qu'il eft
averti par les courans rentrans & fortants, que
dans les corps qu'il magnétife, il y a certaines
parties dans lefquelles il y a dèsharmonie. Le fomnambule voit auffi, comme fur une grande carte,
les mouvemens des corps céleftes dans lefquels
il ne fçauroit exifter aucune dèsharmonie : il y
voit le paffé, le préfent & l'avenir, parce que ces
objets font dans toute l'immenfité du fluide :
mais il n'y voit en préfent & en à venir, que ce
qui eft dans les règles les plus ftrictes de l'harmonie préétablie ; or tout projet qui pourroit
nuire, toute vue d'intérêt & d'ambition & autres
femblables, ne font que l'effet de courans troublés,
de courans tendants à détruire l'harmonie fociale,
& il fortiroit plutôt de fon état de fomnambulifme,
que de fatisfaire fur cela aux queftions des méchants
& de la cupidité.

[1] Il ne connoît avec tant de pénétration, tant de fagacité, les mouvemens troublés du corps humain, que parce que le Magnétifant qui le fait agir, & avec lequel il est en rapport, n'eft animé que par le projet de faire du bien.

Ces fomnambules, en état de crife, deviennent des êtres purement paffifs; l'art du Magnétifant eft de faifir avec précifion le moment où ces fortes de gens entrent pour ainfi dire, en vertu communicative avec la nature; une nuance de plus ou de moins, ou les rapproche trop de l'état de veille, ou les plonge trop avant dans l'état du

---

[1] Par exemple, beaucoup de gens ayant entendu dire que les fomnambules avoient connoiffance de l'avenir, ont obtenu, fous prétexte de confulter pour leur fanté, la permiffion d'être mis en rapport avec des fomnambules; puis, fous l'ombre de les faire jafer de chofes & d'autres, arrivoient, comme par hazard, à leur premier but qui étoit de fe faire nommer des numéros pour le prochain tirage de la lotterie de France. Mais ils ont dû en être corrigés : car cette feule queftion remettant le fomnambule dans le torrent des courans troublés de la fociété, le fomnambule n'étoit pas plus en état que le commun des hommes, de donner à ces queftionneurs avides, des indications fures, & jamais il n'eft arrivé qu'aucun des numéros nommés ainfi par des fomnambules, foit forti de la roue de fortune. C. Q. F. D.

[43]

fommeil. La crife une fois levée, ils fortent de cet état privilégié, & rentrant dans la claffe des êtres ordinaires, il ne leur refte pas même le plus léger veftige de tout ce qui s'eft paffé, & ils font bien loin d'imaginer qu'ils aient été admis dans le fanctuaire de la nature, & qu'ils aient tenu dans leurs mains la chaîne éternelle des événemens de ce vafte univers.

Je conviendrai bien, en même-tems, qu'il peut y avoir en cela quelques abus. Que des perfonnes mal intentionnées pourroient s'entendre avec de prétendus fomnambules, & fe jouer par fois, de la crédulité des perfonnes fimples. Mais fur cela la pierre de touche la plus fure, eft de bien connoître le Magnétifant qui eft en rapport avec le fomnambule, & du moment qu'il vous fera prouvé que le Magnétifant eft bon, vertueux, & felon la nature, fiez-vous hardiment au fomnambule qu'il aura formé [1].

____

[1] Le fomnambule de la claffe de ceux que nous nommons malades Médecins, dit, & indique, lorfqu'il eft en crife, quel eft le genre de maladie dont il eft attaqué, le traitement qu'on doit employer avec lui, le nombre & l'époque des rechutes ou des accidens qui doivent lui furvenir.

Or de même que tous les Magnétifans ne font pas également bons, les ſomnambules de même, ne ſont pas également ſûrs. Vous connoiſſez les moyens indicateurs de la bonté de l'un, & du dégré de confiance que l'on doit avoir à l'autre. Un de ces derniers donc, qui vouloit apparemment ſe faire un état du ſomnambuliſme, avoit prédit que le 30 de mai de cette année il rendroit par la bouche un abcès, une poche, un kiſte, un tubercule ſanguinolent. Une perſonne aſſez inſtruite qui le ſuivant depuis longtems ſe méfioit de ſa véracité, lui joua le tour affreux de ſe tranſporter chez lui le 30 de mai à quatre heures & demie du matin. L'heure de cinq heures étoit celle indiquée par le ſomnambule. Voilà donc mon obſervateur qui le ſomme de l'accompliſſement de ſa prophétie. Le prophéte qui n'avoit pas mis dans ſon marché d'être examiné d'auſſi près, fut d'abord primé par une viſite auſſi inopinée. Cependant après beaucoup de façons, d'excuſes aſſez mauvaiſes, il s'abſenta un quart d'heure, & revint en ſe plaignant beaucoup. Puis après de grands efforts, le ſecours d'une grande quantité d'eau tiède, il rendit effectivement par la bouche une petite poche légérement rougeâtre, qu'il avoit ſans doute avalée, pendant ſon quart d'heure d'abſence.

L'obſervateur remarqua très-bien que cette déjection n'avoit été ni précédée, ni ſuivie de matières purulentes, de glaires, ni d'aucun ſigne indicateur d'un dépôt. Et d'ailleurs la poche ne portant aucuns caractères d'un dépôt, l'artifice ſe trouva trop groſſier : auſſi ne tarda-t-il pas à dénoncer le faux ſomnambule. Nous nous devons à nous-mêmes d'ajouter à ceci notre témoignage, car quel-

un refpect moins implicite pour les prophéties qui

---

que enthoufiaftes que nous foyons, nous ne pouvons en confcience nous difpenfer de mettre le public en garde contre tout ce qui porte le caractère de mauvaife foi.

On nous objecte encore une chofe, c'eft que tous nos fomnambules font des gens à gages, & de lie du peuple. Nous pourions répondre à cela que des titres de nobleffe n'en furent jamais un à la confiance générale. Mais nous nous contentons d'une réponfe très-fimple : c'eft que ces fomnambules étant deftinés, dans la primitive inftitution, à nous fervir de malades Médecins, quel feroit l'homme ou la femme de qualité, ou le membre de l'Académie Françoife ou des Sciences qui voulût fe prêter à être à nos ordres à toute heure de jour ou de nuit, pour confulter avec nous fur toutes les maladies, toutes les infirmités au fujet defquelles on a journellement recours à nous ! Vous penfez bien que la propofition n'eft pas faifable. D'ailleurs les gens du peuple étant plus dans la nature, arrivent plus facilement à l'état de fomnambulifme qui en eft le complément & la perfection. Nous y avons amené, à cet état de fomnambulifme, des gens de condition. Mais la crainte du ridicule, ce qu'ils croyent fe devoir à eux-mêmes, l'efpèce de honte qu'ils croiroient attachée à cet état de prophéte banal, bref l'empire du préjugé, ne leur permettent pas de fe nommer. Et à leur inftante prière, nous leur gardons un fecret que dans des tems plus éclairés, & dans des circonftances plus heureufes, ils nous reprocheront, fans doute, de n'avoir pas divulgué plutôt.

font confacrés dans les livres faints? Et faut-il parce qu'on aura eu le malheur de rencontrer un Magnétifant qui n'aura pas été parfaitement dans l'efprit de fon état, en inférer que le corps entier des Magnétifans eft une pefte dangereufe dans un gouvernement?

Ce feroit auffi par trop imiter cet Anglois qui, débarqué à Calais pour faire fon tour de France, eut à faire à une hôtelle rouffe & acariâtre, & repartit dès-le lendemain avec humeur pour l'Angleterre, après avoir écrit fur fon *album*: Nota, que toutes les Françoifes font rouffes & acariâtres.

Ex fructibus eorum cognofcetis eos. Or que difons-nous dans nos cours? qu'on nous cite feulement une propofition avancée par nous, & qui ne foit pas dans les régles de la morale la plus faine, la plus pure, la plus douce! On nous accufe d'être Matérialiftes, Eh! pourquoi pas d'être Athées! Nous avons cependant infifté formellement fur la toute-puiffance divine qui, d'un feul acte inftantané de fa volonté, a créé la matière & le mouvement: N'avons-nous pas recommandé, comme un point capital, l'anéantiffement & la reconnoiffance devant l'Être fuprême à qui nous devons chaque inftant de notre exiftence? La bafe fur laquelle roulent nos principes fociaux ne porte-t-elle pas abfolument fur le refpect aveugle qui eft dû au gouvernement fous lequel on eft

placé? sur la charité fraternelle prise dans toute
son étendue, dans toutes ses acceptions? N'avons-
nous pas dit que toute action, même toute pensée
qui tend à troubler l'ordre de la société, étoit con-
traire à l'harmonie de la nature, laquelle harmonie subsiste nécessairement au physique & au
moral? N'avons-nous pas assez appuyé sur ce que
le but du Magnétisme étoit de rendre les hommes
moins méchans, moins pervers? Nous avons
annoncé très-décidément que la génération future
deviendroit bonne & bonne par essence, par cela
seul que la génération présente dégagée de ses
infirmités, imprégnée d'un fluide plus pur,
donneroit le jour à des enfans, & plus sains, &
mieux conformés, & par conséquent plus susceptibles d'être toujours en harmonie avec la nature.

Une accusation plus grave encore que toutes
les précédentes, accusation que l'on repete le
plus souvent, à la faveur de laquelle on a tenté
d'alarmer les ames vertueuses, les familles, les
époux, c'est l'accusation de mauvaises mœurs si
gratuitement intentée contre nous; & sur quoi
fondée! Sur ce qu'il est, dit-on, phisiquement
impossible que tous nos attouchemens aient lieu,
sans attenter aux loix de la décence & de la pudeur. Pour nous, cette accusation tombe d'elle-
même; & nous pouvons en appeller aux personnes
de l'un & de l'autre sexe qui ont suivi nos traite-

mens publics, ou qui en ont essayé de particuliers. Qu'ils disent tous si la vertu la plus austère a pu seulement remarquer de notre part le moindre geste capable de l'effaroucher, ni même de l'alarmer.

Mais la femme de César ne doit pas même être soupçonnée. Et pour effacer de nos traitemens, jusqu'à la plus legère idée d'indécence, nous retorquons l'argument porté contre nous, & nous le retorquons par la doctrine elle-même : car voilà le bon de cette doctrine, c'est que la dernière proposition résulte directement, & est une conséquence forcée de la première.

Ecoutez donc bien ceci, & quoique la vertu s'avilisse à se justifier, apprenez par le raisonnement suivant à repousser les traits que la malignité toujours éveillée ne cesse de lancer contre nous.

Vous connoissez la marche des courans rentrans & sortans; vous savez qu'un méchant seul présent à un traitement est capable de les faire diverger : (il vous est démontré comment cet effet s'opère, & comment l'on peut y parer.) Il vous est également démontré que le Magnétisant n'opère qu'autant qu'il est en harmonie avec la nature, qu'il est bon, sensible, vertueux, qu'il est mû par le désir de faire le bien. Une autre vérité de fait, c'est que, comme nous le répétons sans cesse, toute pensée qui tend à troubler l'ordre focial, de ce moment-là détourne les courans ; que nous ne pouvons diriger le fluide qu'autant que nous nous poffédons, qu'aucune paffion ne nous trouble, qu'aucune penfée étrangère au Magnétifme ne nous diftrait, fût-elle d'ailleurs bonne en elle-même, & généralement qu'autant que toutes les puiffances de notre volonté, de notre entendement font tendues uniquement à remplir le but que nous nous propofons en traitant un malade. Ce but étant donc de le foulager d'abord, pour tâcher enfuite de le guérir à la longue, nous avons déjà affez à faire, d'étudier la marche des courans qui varie dans chaque individu, & nous préfente dans chacun d'eux des phénomènes nouveaux, parce que la nature, conftante dans la marche générale, ne nous en offre pas moins, à chaque pas, des nuances très-fenfibles & très-caractérifées ; donc, la plus légère rémiffion dans notre attention fcrupuleufe à propager le fluide, & à le filer, pour ainfi dire, fuivant les différentes données que nous offre l'état du malade, n'influe que trop fur les fecours que nous lui adminiftrons.

A plus forte raifon, fi nous nous permettions feulement [en magnétifant des perfonnes du fexe] je ne dis pas, le moindre défir, mais, qui plus eft, que lâchant infenfiblement la bride à notre imagination, elle fe retraçât des images bien faites pour la dérider un peu dans toute autre circonſtance; de ce moment-là, notre beſogne eſt manquée, nous ne faiſons plus paſſer qu'un fluide troublé, que des courans en dèsharmonie ; l'agitation de notre ame & de nos ſens nous rend incapables de continuer, & la malade, qui, ſans la partager, ſent à la marche ſubſultante du fluide rentrant, le déſordre qui s'opère dans notre organiſation, abandonne forcément un traitement qu'elle n'eſt plus en état de ſoutenir, ceſſe d'être en rapport avec ſon magnétiſant, & refuſe machinalement le fluide avec autant d'averſion qu'elle le déſiroit auparavant.

Nous avons un exemple bien frappant du peu de ſuccès d'une ſéduction ménagée & tentée à l'ombre du Magnétiſme, par un jeune Magnétiſant, auprès d'une perſonne charmante qu'il aimoit éperduëment, dont il étoit aimé, & qu'il avoit le projet d'épouſer. Ce malheureux dans le fort d'une criſe violente qu'il avoit procurée, s'oublia au point de vouloir tenter ſimplement quelques privautés; tout auſſi-tôt, la criſe quoique très-forte, ceſſa, & de l'attachement très-tendre qu'avoit eu juſques-là la jeune & vertueuſe perſonne pour ſon Magnétiſant, elle paſſa à un ſentiment de haine ſi ſubit & ſi violent, que depuis elle n'a jamais voulu conſentir à le revoir.

Nous n'avançons pas, comme vous voyez,
une

une propofition, qu'un fait très-prouvé n'arrive fur le champ à l'appui.

D'après cela, dira-t-on, à quoi bon nous avoir donc préfenté le tableau d'un vrai Magnétifant fous les traits d'une efpéce d'Hercule ? cela femble impliquer contradiction, ou du moins, voudroit avoir l'air d'une mauvaife plaifanterie.

Point du tout, & vous allez être forcé de convenir que toutes les qualités tant phyfiques que morales que nous requerons dans un vrai Magnétifant, font abfolument indifpenfables.

Nous difons d'abord *un phyfique bien fain :* parce que le fluide que fait paffer le Magnétifant dans l'individu du Magnétifé feroit néceffairement vicié, fi, en s'élaborant, en féjournant dans les organes du Magnétifant, il ne les trouvoit pas bien fains & bien conformés. Et pour peu que ce dernier eût quelque partie affectée, il en réfulteroit forcement pour le malade, au lieu d'un principe de guérifon, une augmentation de fluide altéré, une addition de principe morbifique.

Une conftitution vigoureufe. Et en effet, elle a befoin d'être telle ; parce que par la loi des courans, rentrans & fortans, (loi réfultante du plein continu) le Magnétifant reçoit de la perfonne qu'il magnétife une fomme de fluide vicié égale à la fomme de bon fluide qu'il lui communique : ce ne peut donc être qu'à l'abri d'une conftitution

vigoureuſe qu'il peut lutter contre les inconvé-
niens qui en réſulteroient pour lui. Et quoique le
Magnétiſant ait des procédés infaillibles pour ſe
défaire de ce mauvais fluide, néanmoins il eſt toujours très-dangereux de lui ſervir de réceptacle
pendant le peu de tems qu'il ſéjourne dans ſon
corps.

Des muſcles bien prononcés. Ils annoncent &
caractériſent la force du tempérament : & il en
faut un des plus robuſtes pour ſoutenir longtems
le métier de Magnétiſant, qui épuiſe conſidéra-
blement, & plus ou moins ſuivant la qualité des
individus que l'on a en traitement. D'ailleurs les
perſonnes qui ont été longtems aux baquets
peuvent dire la différence qu'elles ont éprouvée à
être magnétiſées par un homme nerveux, ou bien
par un être fluet, par un être qui annonce tous
les caractères d'une complexion frèle & délicate
[1].

---

[1] Nous voyons tous les jours des Magnétiſans ſoit dans
les traitemens publics, ſoit dans les particuliers, qui ſe
ménagent ſingulièrement en magnétiſant les malades, & le
malade même, pour peu qu'il ſoit un peu exercé, ne peut
pas s'empêcher de dire avec une eſpéce d'impatience, mon
Dieu! que vous me magnétiſez mal aujourd'hui! Or à quoi
attribuer cette eſpéce de relâchement ſenſible dans le Ma-

Une carnation vive. Parce qu'étant l'indice de

---

gnétifant? A deux caufes : parce qu'ayant beaucoup magnétifé la veille, il s'eft épuifé, & fent que fon fluide n'a plus le même reffort, ou parce qu'il eft deftiné à magnétifer beaucoup dans le courant de la journée. Souvent une raifon encore plus forte, arrête une partie des Magnétifans : c'eft que n'ayant pas tous à un point éminent, ni le talent, ni le fecret de fe défaire affez promptement du mauvais fluide qui leur revient par les courans fortans du malade, ils craignent de trop fe compromettre, & de trop altérer leur tempérament ; & leur crainte eft bien fondée. Nous autres Magnétifans habiles, nous fommes au deffus de cette crainte. Quoique dans le traitement des maladies aigues nous fentions quelquefois avec la plus grande force, les douleurs vives & poignantes que nous ôtons à nos malades, il n'y a qu'un genre de maladies que nous redoutions, ce font les maladies vénériennes : le virus en eft fi acre, fi tenace, fi gluant, que nous avons bien de la peine à en arrêter dans nous les effets; cela eft fi vrai qu'on a vu plufieurs Magnétifans, dans les traite-mens qu'ils exerçoient fur des vénétiens, qui précédemment avoient été traités par le mercure, faliver comme s'ils euffent reçu eux-mêmes des frictions. Pour obvier à cet inconvénient, qui en eft un très-grand, nous avons imagi-né une manière particulière de procéder avec ces fortes de malades, laquelle manière procure un débouché très-prompt au mercure dont le patient peut être pénétré, & cela, fans que le Magnétifant en foit imprégné. Mais ce fecret n'eft connu encore que de très-peu d'entre nous.

la fanté, elle donne, dès le premier afpect, la plus grande confiance au Magnétifé. Condition bien importante dans tout traitement.

Le regard affuré. Les yeux font un des grands émiffaires du fluide, or l'affurance de cet organe y annonce du reffort, & il ne fçauroit trop y en avoir.

L'œil en même-tems pénétrant. Les yeux font le miroir de l'ame ; & le Magnétifant a befoin de toute la perfpicacité desfiens, pour pouvoir lire dans ceux de fon malade ce qui fe paffe dans fon ame, laquelle a fouvent, autant que le corps, befoin de traitement.

Une fineffe de tact exquife. C'eft par le feul fens du toucher qu'un Magnétifant connoît le genre des maladies, & qu'il peut diftinguer fi leur principe vient d'une trop grande cohéfion, ou d'une trop grande diffolution : ce qu'il connoît à l'impreffion que font éprouver aux éxtrémités de fes doigts les courans fortans du malade. Ce tact exquis ne s'acquiert que par un très-long exercice, en étudiant & écoutant les fenfations que portent les courans dans notre ame par l'interméde de cet organe. Auffi recommandons-nous au Magnétifant, indépendamment d'une très-grande propreté, de ne point s'occuper à des travaux qui puiffent endurcir les extrémités de fes doigts.

Une tête abondamment fournie de cheveux. Ces

moules font les plus grands conducteurs & en même tems les plus multipliés du fluide magnétique, un Magnétifant fans cheveux eft pour ainfi dire, un corps fans ame, ou, pour parler trivialement, un Apothicaire fans fucre.

Châtains, foncés ou noirs s'il eft poffible. Les cheveux de cette couleur font plus forts, plus gros, plus roides, & par conféquent des moules fufceptibles de contenir & de propager une plus grande quantité de fluide.

Une poitrine bien ouverte. Le fouffle étant fouvent employé dans les grandes occafions, (mais cette manière de magnétifer épuifant fingulierement le Magnétifant) il importe que la poitrine & les poulmons foient d'une bonne capacité !

La jambe fournie : grand indice de plus que le Magnétifant eft nerveufement & fortement conftitué.

La démarche pofée. Cette forte de démarche annonce de la réflexion, du fens froid, deux qualités bien néceffaires au Magnétifant.

Mais fure. Quiconque à la démarche fure, ne tâtonne pas, eft maître de fa befogne, & prévoit d'avance tous les pas où il peut être engagé.

Nous demandons au moral, *une ame d'une trempe forte ;* pour faifir, concevoir, embraffer l'immenfité du plus beau fyftème qui ait jamais été conçu : pour n'être point rebuté par les

[54]

contradictions, pour franchir les obstacles, pour
résister à une longue application, à une longue
contention d'idées. C'est ce qu'Horace nous a
dépeint par le *justum & tenacem*.

Dégagée de toute espèce de préjugés quelconques :
afin de ne pas être retenu par cette espèce de
respect involontaire que l'on conserve, comme
machinalement, pour les anciens principes dont
on a imbu notre jeunesse ; pour ne pas être
arrêté à chaque pas par la confiance que l'on
avoit donnée sur parole à Neuwton, à Descartes,
& à plusieurs autres systèmes tout aussi erronés.
Ces sortes de préjugés sont l'éteignoir du génie :
& il en faut pour les vaincre, & s'élever au dessus
d'eux.

Capable de franchir en un instant la distance
énorme qui sépare les différens globes du système
planétaire. Le vrai Magnétisant, ou par lui, ou
par ses intermèdes, est en état d'y lire comme dans
un livre, & rien de moins surprenant, puisqu'étant
en harmonie parfaite avec la nature, il correspond
à tout moment, avec tout ce qui entre dans son
plan général.

Une simplicité jadis appellée simplicité évangé-
lique. Qualité bien essentielle pour ne pas lutter
contre les difficultés que présentent à notre esprit
certains contrastes apparens dans l'ordre universel,
& pour savoir admirer dans le silence les effets

dont nous ne fçaurions encore pénètrer les caufes, quoiqu'il commence à n'en exifter pour nous qu'un petit nombre de ce genre.

Un fens droit. Autrement dit un difcernement affez exercé, une critique affez éclairée pour ne pas changer fes anciennes erreurs contre de nouvelles.

Un cœur pur, compâtiffant, fenfible. Pur, c'eft-à-dire, ne penfant point le mal, & ne le foupçonnant dans les autres qu'à la dernière extrémité, compâtiffant, fenfible ; ces deux dernières qualités font la marque caractériftique d'un vrai Magnétifant. Un des grands biens moraux du Magnétifme animal eft de tendre à établir parmi les hommes cette douce fraternité, cette réciprocité de foins, cette tendreffe affectueufe uniquement occupée du foulagement des malheureux. Les malades ont communément autant befoin de confolations que de foins corporels : & quand une fois ces deux points fe trouveront réunis dans le même individu, quel bonheur n'en réfultera-t-il pas pour l'humanité ? Un Magnétifant doit aimer fes malades, & travailler à leur infpirer cette réciprocité de tendreffe auffi pure que fon cœur. Deftinés à être pénétrés l'un & l'autre du même fluide, la moindre réferve dans les fentimens du Magnétifant & du Magnétifé, interpofe une barrière infurmontable aux courans ; en émouffe ou en

D iv

détourne la partie la plus faine, la plus efficace. Un ancien axiome a dit, *quidquid recipitur, recipitur admodum recipientis.* Auffi la fineffe du tact de la part du Magnétifant éprouve bientôt, (fi cette relation d'affection n'eft pas parfaitement établie) que fon fluide eft repouffé; & il eft obligé avant peu de ceffer un traitement qui l'épuiferoit en pure perte. Ces vérités peuvent fervir en paffant, à la juftification d'habiles Magnétifans, qui très-fubitement ont abandonné des malades vers lefquels leur cœur & leur inclination les portoit, mais fans retour.

Un empire abfolu fur fes fens. Avec un être moins pénétré de la fainteté de fon miniftère, moins maître abfolu de fa volonté que ne doit l'être un vrai Magnétifant, il eft des circonftances délicates où la beauté d'autant plus intéreffante qu'elle le devient davantage par fes fouffrances, pourroit quelquefois faire fentir fes droits avec trop d'empire; c'eft alors qu'un Magnétifant rappellant à lui toutes les forces de fon ame, comme nous l'avons dit plus haut, commande à fes fens, à fa volonté; & femblable à un rocher vainement battu par la tempête, il maîtrife à la fois fon phyfique & fon moral à un point qui tiendroit du prodige pour ceux qui ne connoîtroient pas l'étendue immenfe du Magnétifme, & les effets furnaturels qu'il eft capable de produire dans l'individu vertueux qui s'y est abandonné sans aucune réserve.

Le ton doux & persuasif. C'est ce ton qui gagne les ames, qui appelle, pour ainsi dire, la confiance, & non pas ce ton tranchant qui semble vouloir l'arracher. Le fluide est doux par lui même, tout ce qui le prépare, tout ce qui l'annonce, doit donc être marqué au coin de la douceur. Nous ne cherchons point à séduire, nous ne cherchons qu'à convaincre. Nous nous présentons avec des raisons qui n'ont besoin ni de sophismes ni de l'appareil imposant d'une éloquence séductrice : & nous nous présentons avec des effets qui les étayent & les font valoir. Malheur à ceux que ni les unes ni les autres n'amènent pas au point où nous désirerions les voir arriver. On ne nous verra jamais disputer. La dispute aigrit les esprits, altère le fluide, en trouble les courans. En faut-il davantage pour nous l'interdire à jamais?

La parole à la main. Ce que nous venons de dire n'exclut point l'art de s'énoncer avec facilité. D'ailleurs toutes les fois qu'on est bien convaincu d'une vérité, que les idées en sont bien nettes, on trouve toujours le mot propre, le mot à la chose; & l'on fait passer sans peine cette vérité dans l'esprit de ceux qui l'écoutent.

Aussi est-il aisé, d'après la précision, la facilité, le choix des termes avec lesquels nous nous exprimons, de juger à quel point le fyftême du Magnétifme a été fenti & approfondi par nous; & combien nous fommes intimement pénétrés des vérités inappréciables qui en dérivent.

Mefmer affurément n'a pas, pour s'énoncer dans la langue Françoife, un certain ufage, une certaine aifance. Eh bien! demandez à tous ceux qui l'ont entendu, ils conviendront tous que cet homme célébre eft tellement pénétré des vérités qu'il annonce, que la langue Françoife dont il ne connoît ni les tours, ni la fineffe, femble fe plier à fon génie, & qu'il n'y a pas un de fes auditeurs qui n'ait auffi bien faifi tout l'enfemble de fon fyftême que s'il eût été préfenté par un des membres de l'Académie Françoife.

Je crois avoir répondu avec affez de détail aux queftions que vous m'avez faites, & vous avoir fourni des armes d'une affez bonne trempe pour repouffer les traits qu'on lance journellement contre nous, dans les fociétés; vous pouvez même communiquer cette efpèce de mémoire à des perfonnes qui ne feroient pas autrement inftruites de la doctrine du Magnétifme. Il ne dit rien que ce que nous difons tous les jours dans le monde. D'ailleurs depuis la publicité du livre de M. Quinquet, il n'eft peu de gens qui n'aient au moins quelque teinture imparfaite du Magnétifme.

J'avouerai bien que quiconque ne connoît le

Magnétifme que par cet ouvrage infidèle, plein de fautes, fourmillant à chaque page, de contre-fens, ne peut pas fe flatter d'être au fait de fa doctrine. Mais après la lecture de ce livre, on en retient toujours quelques propofitions ifolées, & un tas de bavards, de quarts de favans, croyent en favoir affez pour pouvoir foutenir thèfe pour ou contre, & déraifonner à taille ouverte fur les principes.

C'eft avec ces fortes de gens que vous pourrez employer les armes que je vous mets en main. Ils n'en feront pas plus inftruits quant au fond de la doctrine, quant à la manière de procéder. Mais du moins ils en acquerront une certaine confidération pour nous : & fi par hazard ils conti-nuent à fe permettre fur le Magnétifme un tas de raifonnemens crochus, au moins apprendront-ils à parler avec plus de retenue, plus d'égards, même plus de refpect de ces ames vertueufes qui confacrent leur tems, leurs veilles, leurs foins, leur fanté à le propager, & à l'adminiftrer.

Stultorum infinitus eft numerus. Grande vérité, qui n'eft malheureufement que trop prouvée. Mais comme la claffe des fots forme les trois quarts & demi du monde, & que bien des gens de bonne compagnie, font ce que l'on peut ap-peller peuple en fait de raifonnement, il faut du moins tâcher de ranger de fon bord le plus que l'on peu de cette race de clabaudeurs. Nous l'avons trop négligée pendant un certains tems, il en est résulté un tort réel pour la chose.

Le mal est fait : si nous étions à recommencer, nous nous y prendrions différemment : malheureusement on ne s'avise jamais de tout : notre zèle, en nous emportant, nous a fermé les yeux sur bien de petites précautions. Hélas ! Nous devions bien le prévoir ! avec quelle lenteur le bien s'opère ! Et combien d'entraves l'on éprouve en y travaillant !

Autre faute énorme que nous avons commise, qui prouve bien encore la bonté de notre cœur, la pureté de nos intentions, & notre amour ardent pour l'humanité ! C'est la multitude d'élèves que nous avons avec trop peu de précautions, admis, non-seulement à nos cours, mais dans une partie de notre confiance. Pour un petit nombre qui ont secondé nos vues, combien de serpens n'avons-nous pas élevés dans nôtre sein? Combien qui ne venoient chercher dans nos instructions que des traits qu'ils ont lancés contre nous? Assez bons pour être duppes, mais trop clair-voyans pour l'être longtems, nous nous sommes arrêtés à propos, & avons trouvé le moyen de garder pour les seuls véritables croyans la partie la plus saine, la plus pure, la plus précieuse de notre doctrine.

Ajoutez encore le zèle mal entendu de la plûpàrt de nos amis. Il en eſt de ſi gauches, qui plaident ſi mal une bonne cauſe, qui la défendent ſi trivialement ! La Fontaine avoit bien raiſon :

> Rien n'eſt ſi dangereux qu'un ignorant ami,
> mieux vaudroit un ſage ennemi.

Je ne vous mets dans aucune de ces deux claſſes : votre zèle éclairé, prudent, vous donne ſur nos cœurs des droits trop ſolidement établis. Mais pour les autres éclairciſſemens particuliers que vous me demandez, ils ſont ſi importans, que je ne puis vous les communiquer que de vive voix. Ils feront l'objet de pluſieurs conférences ſavantes, lorſque nous nous rejoindrons. Vous y verrez avec autant de plaiſir que d'étonnement l'immenſité des découvertes que chaque jour nous procure. Les contradictions ſont comme le briquet qui frappe la pierre pour en faire jaillir des étincelles. Les nôtres deviendront un jour un foyer de lumière auquel les nations viendront s'éclairer ; & la vérité franchira les barrières que la craſſe ignorance, la baſſe jalouſie, la cupidité élèvent, comme un rempart inexpugnable, entre le thrône & elle.

En attendant nous nous occupons ici ſérieuſement des moyens d'établir une correſpondance ſûre entre nos différens membres épars dans une partie de l'Amérique, & dans toute l'Europe.

P. S. J'oubliois bien de vous prévenir que je vous enverrai, par la première occasion, le plan, les proportions, & tout le difpofitif d'un hôpital fuperbe, que nous nous propofons d'établir. On en a parlé fommairement dans un des derniers cours; & quoiqu'ayant abrégé fingulièrement les trois quarts des détails, tous nos auditeurs ont été enlevés par la majefté du bâtiment, par la grandeur & en même tems la fageffe des vues qui y ont préfidé; & la plûpart d''entre-eux remplis d'un noble & faint enthoufiafme, font fortis en faifant des vœux bien fincères pour voir s'élever, fous leurs yeux, un monument auffi glorieux pour la vérité dont il deviendroit le temple par excellence, que confolant pour l'humanité fouffrante dont il deviendroit l'azile.

Malheureufement & leurs vœux & toute notre bonne volonté ne fecondent que bien foiblement l'ardeur que nous aurions befoin de faire paffer & dans la totalité de la nation, & dans l'ame du Prince qui la gouverne. Le monument dont nous attendons la conftruction avec tant d'impatience, exigera pour fon établiffement parfait, plufieurs millions : & le gouvernement prévenu contre notre doctrine, ne paroît pas encore difpofé à nous donner des fecours.

Jufqu'à ce que nous ayons arraché des portes du trépas quelque prince du fang royal abandonné par la faculté de Médecine, c'eſt en vain que nous nous flatterions d'acquérir cette confiance implicite, & cette conſiſtence ſi néceſſaire à la vaſte étendue de notre plan.

Au reſte, il eſt bien approfondi, bien digéré; toutes les objections bien prévues, les états de dépenſe bien dreſſés. Il en réſulteroit pour le gouvernement une économie réelle : & des deniers que nous nous ferions fort d'épargner ſur le régime des ſeuls hôpitaux de la ville de Paris, nous fournirions à cette ville des fonds ſuffiſans pour ſubvenir à la conſtruction d'une nouvelle ſalle d'opéra : laquelle ſalle ſeroit garnie de conducteurs Magnétiques, & par la forme, la coupe & la matière de ſes ceintres, appelleroit ſans ceſſe, dans ſon intérieur, un fluide toujours circulant, toujours renouvellé. De ſorte qu'aux charmes d'une muſique appropriée, ſuivant les ſaiſons, la qualité & la température de l'air athmoſphérique, on joindroit l'avantage inaprétiable d'aſpirer par tous les pores un fluide bienfaiſant, & d'aller chercher la ſanté & le plaiſir tout à la fois, dans un lieu, où par le vice de la conſtruction, & les ſuites de l'ignorance, on ne s'imprègne que d'un fluide vicié, & l'on contracte les principes de toutes les maladies.

Nous avons bien déjà fondé pluſieurs Adminiſtrateurs des grands hôpitaux tant de cette ville, que du royaume. Mais aveuglés par l'ignorance préfomptueufe de leurs Médecins, par le charlatanifme impofant de leurs Chirurgiens, & le grimoire inintelligible de leurs Pharmaciens, ils tiennent irrévocablement à leur ancien régime, & ferment les yeux fur les avantages fans nombre que nous leur faifons envifager. Ces trois corps, Médecins, Chirurgiens, Apothicaires, qui depuis Molière, n'ont ceffé de fe détefter cordialement entre-eux, fe réuniffent contre nous ; *Magnétifme Animal* eft le mot de ralliement de leur ligue, & je ne ferois pas furpris, par ma foi, qu'il ne devînt le fceau d'un traité de paix entre la Faculté & la Société royale de Médecine.

I N.